AF611049

VŒUX

EXPRIMÉS

A M. LE MINISTRE DE L'AGRICULTURE

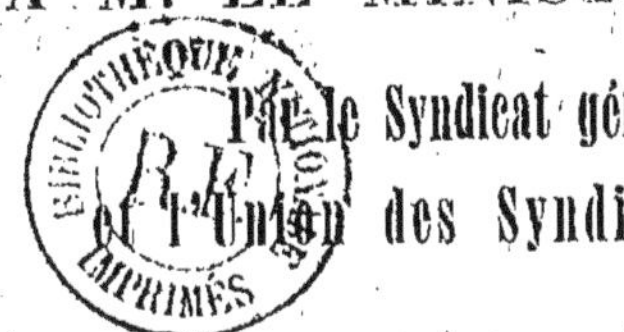

Par le Syndicat général de la Boucherie Française
et l'Union des Syndicats de l'Alimentation en Gros

AU NOM DES

CHAMBRES SYNDICALES DE LA BOUCHERIE DE PARIS (GROS ET DÉTAIL)
ET DES COMMISSIONNAIRES EN BESTIAUX

SUR

La Contre-Expertise en matière de Saisies

ET SUR

La Réorganisation sanitaire du Marché de La Villette

PARIS
IMPRIMERIE TYPOGRAPHIQUE WATTIER FRÈRES
4, RUE DES DÉCHARGEURS, 4

1899

VŒUX

EXPRIMÉS

A M. LE MINISTRE DE L'AGRICULTURE

Par le Syndicat général de la Boucherie Française
et l'Union des Syndicats de l'Alimentation en Gros

AU NOM DES

CHAMBRES SYNDICALES DE LA BOUCHERIE DE PARIS (GROS ET DÉTAIL)
ET DES COMMISSIONNAIRES EN BESTIAUX

SUR

La Contre-Expertise en matière de Saisies

ET SUR

La Réorganisation sanitaire du Marché de La Villette

PARIS
IMPRIMERIE TYPOGRAPHIQUE WATTIER FRÈRES
4, RUE DES DÉCHARGEURS, 4

1899

VŒUX

EXPRIMÉS

A M. LE MINISTRE DE L'AGRICULTURE

Par le Syndicat général de la Boucherie Française
et l'Union des Syndicats de l'Alimentation en Gros

AU NOM DES

CHAMBRES SYNDICALES DE LA BOUCHERIE DE PARIS (GROS ET DÉTAIL)
ET DES COMMISSIONNAIRES EN BESTIAUX

SUR

La Contre-Expertise en matière de Saisies

ET SUR

La Réorganisation sanitaire du Marché de La Villette

Monsieur le Ministre,

A différentes reprises, en 1897 et 1898, les Chambres syndicales de la Boucherie de Paris (gros et détail) et des Commissionnaires en bestiaux ont attiré l'attention du Ministère de l'Agriculture sur la situation faite au commerce et à la production nationale par le Service vétérinaire sanitaire du département de la Seine.

Cette situation, préjudiciable aux intérêts des agriculteurs, des commerçants en bestiaux et des bouchers en général, nous nous voyons dans la nécessité de la réexposer.

Elle avait été relatée notamment dans un rapport adressé à M. le Ministre de l'Agriculture le 16 février 1897, et développée oralement dans une réunion des Sociétés d'agriculture et des Comices agricoles tenue le 12 mars 1898 au Concours général, sous la présidence de M. le comte de St-Quentin, député.

Les requêtes des Chambres syndicales pétitionnaires avaient pour objet de solliciter de la direction de l'Agriculture une réglementation du service vétérinaire comportant toutes les garanties désirables, afin d'éviter, à l'avenir, les nombreuses erreurs commises par les fonctionnaires dont les connaissances spéciales sont unanimement mises en doute par les gens du métier.

Bien que connexes dans l'ensemble, les nombreuses réclamations formulées à cet effet se résument en deux questions distinctes touchant chacune un point spécial du service vétérinaire sanitaire départemental : l'inspection des viandes et l'inspection sanitaire.

I. INSPECTION DES VIANDES

En ce qui concerne l'inspection des viandes, les protestations des corporations susnommées contre les opérations de l'inspection vétérinaire sanitaire se sont surtout produites depuis la fusion des services vétérinaires en 1895.

Cette constatation pourrait laisser supposer que si les commerces intéressés ont récriminé contre les opérations de l'Inspection, l'alimentation publique n'a eu, au contraire, qu'à se louer des bienfaits de l'organisation critiquée.

Malheureusement, il n'en a pas été ainsi et l'alimentation publique, tout autant que le commerce et l'agriculture, a eu à souffrir des conséquences de la fusion.

Nous allons le démontrer en citant quelques extraits de l'étude complète que l'auteur de ce rapport a publiée sur le Service vétérinaire sanitaire du département de la Seine.

Avant la réorganisation de 1895, 3 services vétérinaires fonctionnaient dans le département :

1° Le service sanitaire départemental avec 5 vétérinaires sanitaires ;

2° Le service sanitaire du Marché aux bestiaux avec 3 vétérinaires sanitaires ;

3° Le service d'inspection des viandes avec 70 inspecteurs de la boucherie, les 3 chefs de service y compris.

Si la fusion avait été faite avec les unités en fonctions, il y aurait eu 8 sanitaires et 70 inspecteurs de la boucherie. Total : 78.

La nouvelle organisation fut établie de la façon suivante :

9 vétérinaires délégués dont 1 chef de service ;

55 vétérinaires sanitaires; total 64, soit 14 emplois en moins.

« *Les 8 délégués chefs de secteur furent spécialement* « *préposés à l'inspection des épizooties. Les vétérinaires* « *sanitaires eurent pour mission d'assister le chef et le* « *sous-chef de leur secteur et d'assurer l'inspection des* « *viandes sur les marchés, dans les abattoirs, dans les* « *tueries particulières, etc.* » (Rapport Barrier (1), page 27).

L'inspection sanitaire était dès lors assurée par 8 vétérinaires délégués comme auparavant : l'inspection de la boucherie par 55 vétérinaires seulement au lieu de 70. Le travail de ces derniers s'est accru, en outre, de 2,000 établissements classés à visiter périodiquement.

Avec notre projet, disait M. Barrier dans son rapport, page 16, nous sommes en mesure d'assurer d'une façon satisfaisante l'inspection des établissements particuliers: Boucheries, Triperies, Charcuteries et Marchés de détail.

Malgré cette affirmation, nous devons croire que le personnel du service vétérinaire sanitaire est réellement insuffisant, puisqu'il s'est augmenté à nouveau de 10 surveillants sanitaires (Arrêté de M. le Préfet de police du 12 janvier 1899) ce qui porte le nombre de ces agents aides-marqueurs à 20.

Dans son rapport, page 80, M. Barrier dit aussi : « *La* « *fusion des attributions chez un personnel depuis long-* « *temps spécialisé, soit dans l'inspection des viandes, soit* « *dans celle des épizooties, n'apportera aucun trouble* « *dans la nouvelle organisation.* » Et il ajoute : « *Un* « *inspecteur sanitaire qui ignorerait les qualités et les* « *altérations des viandes serait incapable de contrôler*

(1) M. Barrier, rapporteur de la Commission mixte des services vétérinaires, dont le projet fut adopté par le Conseil général de la Seine, le 29 décembre 1894.

« *son diagnostic par les autopsies; de même qu'un*
« *inspecteur de la boucherie, peu familiarisé avec la*
« *pathologie des maladies contagieuses et les prescrip-*
« *tions sanitaires ne pourrait accomplir efficacement*
« *son devoir et deviendrait même un agent des plus*
« *dangereux aux yeux de la loi.* »

Le vétérinaire qui entrait autrefois dans l'inspection des viandes, « bien qu'il eût reçu au cours de ses études un enseignement théorique et pratique » devait commencer par un apprentissage aux Halles et dans les Abattoirs, sous l'égide de ses chefs et de ses collègues.

De l'avis général, on a estimé qu'il lui fallait 4 et même 5 années pour se parfaire, c'est-à-dire pour être en mesure d'opérer seul, sans le secours de personne, de ne pratiquer en un mot que des saisies bien justifiées.

Que voyons-nous à présent ?

Des 8 délégués qui composent l'état-major des services réunis, 4 de ceux qui occupent le sommet de la hiérarchie, exception faite pour M. Villain, ancien chef de service, dont l'autorité en matière d'inspection des viandes est indiscutable, n'ont de cette inspection que des notions imparfaites.

Le premier sur la liste n'a jamais appartenu au service de M. Villain; les deux suivants n'y sont restés qu'un laps de temps très court avant leur passage au service sanitaire départemental. Le quatrième reçu au concours d'admission de l'inspection des viandes n'est jamais entré en fonctions. (MM. Laquerrière, Robcis, Delaforge et Godbille.)

Afin de prouver que nous n'avançons rien d'exagéré, nous allons citer trois faits bien typiques :

1° Dans le courant de l'année 1898, un vétérinaire sanitaire saisit, à un boucher de l'abattoir de Levallois-Perret, douze veaux trop jeunes ou étiques. Ce boucher proteste contre la saisie. Le vétérinaire délégué, juge en dernier ressort, est appelé pour décider. Ce dernier, qui a fait une courte apparition dans l'inspection des viandes, il y a une quinzaine d'années, se récuse, et pour cause; il demande que la protestation soit soumise au chef de service. C'est M. Duprez qui, en effet, a jugé, avec son tact habituel, approuvant l'un et ménageant l'autre : cinq veaux seulement ont été saisis;

2° Très récemment, une vache de nourrisseur, suspecte de fièvre, est envoyée, avec l'autorisation du vétérinaire délégué, chez un nommé Lévy, boucher à Gentilly, pour y être abattue. La viande fut déclarée bonne pour la consommation et fut estampillée en présence de ce délégué.

A peine arrivée à la criée des Halles, elle fut saisie par les inspecteurs de service comme viande fiévreuse.

3° Toujours en 1898, nous choisissons les exemples les plus récents.

La plupart des grandes villes de France ont un vétérinaire inspecteur des viandes; chacun opère surtout en conformité des usages locaux.

Ces fonctionnaires, lors d'une réunion générale des Sociétés vétérinaires, ont émis le vœu que tous les motifs de saisies soient réglementés par une loi et ont nommé une Commission chargée d'étudier cette réforme.

Il a été décidé, aussi, que le service sanitaire du département de la Seine, en raison de son importance, serait représenté, dans cette Commission, par trois vétérinaires nommés au scrutin par tous les éléments du service.

Le résultat a été celui-ci :

	Nombre de votants.............	43
MM.	VILLAIN, ancien chef de service de l'inspection des viandes..........	42 voix
	X..., vétérinaire sanitaire de 3e classe.	32 —
	X..., vétérinaire sanitaire de 1re classe.	31 —

Tous les délégués, chefs de secteurs, y compris M. Duprez, chef du service technique, ont réuni ensemble une douzaine de voix.

Ce résultat prouve à quel degré les vétérinaires sanitaires entre eux apprécient la compétence des délégués.

La supériorité du vétérinaire inspecteur des viandes vis-à-vis du délégué en matière d'inspection de la boucherie est si évidente, que M. Barrier l'a mentionnée dans le passage suivant de son rapport, page 11 : « *N'est-il pas curieux* « *de noter cette autre bizarrerie administrative? Comment se fait-il que, dans les cas de saisie, le Préfet de* « *police impose l'expertise aux opérations faites par le* « *service des viandes, — expertise, d'ailleurs, absurde en* « *la forme actuelle, — et en dispense celles du service du* « *marché, bien qu'il ne s'agisse pas toujours de maladies* « *contagieuses? Pourquoi cette mesure excellente — l'autorisation pour les inspecteurs du marché de prononcer sans appel — ne s'applique-t-elle pas aux saisies* « *faites par les inspecteurs de la boucherie, qui, en* « *raison de leur spécialisation, sont considérés par* « *l'Administration comme plus compétents que les premiers?* »

Puisque, en principe, il est admis que les vétérinaires inspecteurs des viandes sont plus compétents que les vétérinaires sanitaires devenus délégués après la fusion des services, nous nous permettrons de demander alors pourquoi l'on fait juger les opérations faites par les plus compétents, par les délégués qui ne le sont pas assez. (Art. 15 de l'ordonnance de police du 10 juillet 1895) : « *Les réclamations en matière de saisies seront, à l'avenir*, jugées « sans appel *et sans frais par le chef du service, par le* « *vétérinaire délégué chef du secteur ou par le sous-chef* « *du secteur, qui nous donnera, par écrit, son avis* « *motivé* ».

Comme on peut s'en rendre compte, l'ordonnance de police de 1895 a investi d'un pouvoir discrétionnaire et sans aucun contrôle les agents du service vétérinaire sanitaire, puisqu'elle leur a conféré le droit de juger sans appel. M. Barrier, cependant, dit dans son rapport, page 22, en

*

parlant des experts désignés autrefois par le Préfet de police, parmi les vétérinaires exerçant dans le département de la Seine, de ces experts que le commerce réclame avec tant d'insistance : « *On ne doit pas confier le contrôle à des hommes dont on peut mettre en doute la compétence.* »

Or, en résumé, de quoi se plaint le commerce, si ce n'est de la compétence douteuse de certains agents du service.

La nouvelle organisation, en supprimant le service spécial de l'inspection des viandes, a généralisé les attributions des vétérinaires sanitaires. Alors qu'autrefois 70 agents consacraient tout leur temps à l'inspection des viandes, ce nombre se trouve maintenant réduit à 56, lesquels ont des attributions multiples, car, à l'inspection de la boucherie, ont été ajoutées : l'inspection de 2.000 établissements classés et les opérations de la police sanitaire.

L'inspection de la boucherie du département de la Seine, qui, autrefois, avait acquis et mérité un juste renom d'habileté parce qu'elle s'était toujours spécialisée, a perdu une grande partie de la considération dont elle était l'objet depuis qu'elle est exercée par le nouveau service vétérinaire sanitaire

Successivement, toutes les corporations qui sont en rapport avec ce dernier ont, à la suite de saisies injustifiées, manifesté leur mécontentement.

Les Chambres syndicales de la Boucherie (gros et détail), des Commissionnaires en bestiaux, de la Charcuterie, de la Triperie, etc., ont protesté contre les motifs de saisies; la mutilation préalable, la consignation prolongée, la non-recevabilité des protestations, les contradictions, les vexations, l'incompétence de certains délégués et agents du service vétérinaire sanitaire.

Ainsi qu'il a été souvent démontré par des exemples probants, dans des rapports antérieurs, maintes fois les intérêts du commerce et ceux de l'agriculture ont été sacrifiés par le service vétérinaire sanitaire, soit dans l'inspection des viandes aux abattoirs, soit dans les opérations sanitaires sur le marché de La Villette.

Des vœux réitérés ont été formulés en faveur du rétablissement du droit de contre-expertise en matière de saisie, notamment par le Syndicat général de la Boucherie française, l'Union des Syndicats de l'Alimentation en gros et un nombre considérable de Sociétés d'agriculture.

Il n'est point besoin de justifier davantage la légitimité des réclamations formulées. Elles n'ont pas encore reçu la sanction que le commerce et l'agriculture étaient en droit d'espérer pour la sauvegarde de leurs intérêts communs.

Bien qu'à notre avis M. le Ministre de l'Agriculture n'ait pas pouvoir pour ordonner directement le rétablissement de la contre-expertise, nous pensons toutefois qu'il a qualité pour intervenir, à cet effet, auprès de M. le Préfet de police comme représentant des agriculteurs et éleveurs-producteurs de viandes.

Il est une raison qui, à elle seule, justifierait péremptoirement cette intervention : c'est la nécessité de l'établissement d'un contrôle facultatif pour le ministère de l'Agriculture des opérations de saisies bénéficiant des effets de la loi du 13 avril 1898, sur les indemnités à accorder aux propriétaires d'animaux saisis pour tuberculose.

En ce qui concerne l'inspection sanitaire, nous prendrons respectueusement la liberté de vous dire, Monsieur le Ministre, que la contre-expertise est légalement admise dans certains cas.

Il suffit, pour s'en convaincre, de lire les articles 8 de la loi du 21 juillet 1881 et 36 de la loi nouvelle du 21 juin 1898 sur le Code rural.

« Art. 8. — *Dans les cas de morve constatée, et dans*
« *le cas de farcin, de charbon, si la maladie est jugée*
« *incurable par le vétérinaire délégué, les animaux*
« *doivent être abattus sur ordre du maire.*

« *Quand il y a contestation sur la nature ou le carac-*
« *tère incurable de la maladie entre le vétérinaire*

« *délégué et le vétérinaire que le propriétaire aurait*
« *fait appeler, le préfet désigne un troisième vétéri-*
« *naire, conformément au rapport duquel il est*
« *statué.* »

. . . .

« Art. 36. — *Dans les cas de morve et de farcin, de*
« *tuberculose dûment constatés, les animaux doivent*
« *être abattus sur ordre du maire.*

« *Quand il y a contestation sur la nature de la ma-*
« *ladie entre le vétérinaire sanitaire et le vétérinaire*
« *que le propriétaire aurait fait appeler, le préfet*
« *désigne un troisième vétérinaire, conformément au*
« *rapport duquel il est statué.* »

Pourquoi, dès lors, n'étendrait-on pas cette équitable mesure à toutes les opérations sanitaires en général et aux saisies de viandes en particulier, dont la justification peut reposer uniquement sur la nature de la maladie constatée ?

Ainsi que nous l'avons indiqué, la spécialisation des inspecteurs de la boucherie est indispensable au bon fonctionnement du service, parce que ces agents ne peuvent être réellement aptes qu'après un certain nombre d'années passées au milieu de difficultés sans nombre, d'une profession se rattachant indirectement à l'art vétérinaire.

Qu'il nous soit permis, en terminant la première partie de ce rapport, de compléter notre pensée sur la contre-expertise et d'en envisager le fonctionnement.

A notre avis, la contre-expertise, qui apportera au Ministère de l'Agriculture un moyen de contrôle du bien-fondé des remboursements, en application de la loi du 13 avril 1898, aura surtout le caractère d'une opération décisive et finale dans les cas de contestation entre le commerce et l'inspection.

Elle ne devra donc être pratiquée que par des experts dont on ne « pourra mettre en doute la compétence. »

C'est pourquoi nous demandons que les fonctions d'experts, agréés par le Ministère de l'Agriculture et la Préfecture de police, ne soient dévolues qu'à des vétérinaires assermentés ayant fait un séjour d'au moins quatre années dans l'inspection des viandes.

Nous reconnaissons, en effet, cette dernière condition comme indispensable pour assurer l'autorité et la considération des experts, dont les décisions ultimes doivent inspirer à tous confiance et respect.

Ainsi disparaîtra la seule objection sérieuse qui ait pu être opposée au rétablissement d'un service destiné à sauvegarder les intérêts du consommateur et du commerce, de l'agriculture et de l'Etat.

II. INSPECTION SANITAIRE

S'il est une question sur laquelle nous devons appeler tout particulièrement votre sollicitude, c'est assurément, Monsieur le Ministre, celle de l'inspection sanitaire du marché aux bestiaux.

L'état sanitaire de notre grand marché, tout autant que les cours qui s'y pratiquent, intéresse en effet la production nationale, car il fournit à cette dernière des indications extrêmement précieuses sur la situation sanitaire du troupeau français.

Le marché de La Villette est à la fois un marché local et un marché d'approvisionnement général, et les opérations auxquelles donne lieu son inspection sanitaire sont, de ce fait, indicatives et préventives.

Indicatives, parce qu'elles ont pour objet de contrôler l'état sanitaire des animaux amenés et d'informer les départements expéditeurs qu'ils ont à prendre des mesures sanitaires lorsque des cas de maladies contagieuses ont été constatés sur leurs envois.

Elles sont aussi préventives, en ce sens qu'elles doivent protéger les animaux introduits sur le marché des dangers de contamination, et préserver des mêmes risques les régions vers lesquelles sont dirigés les bestiaux achetés au marché de La Villette.

Si tout le bétail conduit à Paris était destiné exclusivement à l'alimentation de la capitale, les opérations de l'inspection sanitaire seraient extrêmement simplifiées puisqu'elles se réduiraient à un service de constatation de l'état sanitaire des animaux et de leur départ aux abattoirs, qu'ils soient atteints ou non de maladies épizootiques.

Les craintes de contagion deviendraient ainsi à peu près nulles puisqu'elles disparaîtraient au fur et à mesure des abatages.

Mais la quantité de bestiaux introduits sur le marché pour y être mis en vente est, au contraire, de beaucoup supérieure aux besoins de la consommation parisienne ; « le tiers environ des introductions est acheté par la boucherie de campagne et par les chevillards des grandes villes du Nord et de l'Est. »

« Pendant la saison d'été, les bouchers en gros de Rouen font quelques achats de moutons de choix et de porcs de qualité supérieure. » (Rapport annuel de 1897 sur les services municipaux de l'approvisionnement de Paris.)

L'inspection sanitaire a donc une surveillance importante et rigoureuse à exercer sur le marché puisqu'elle doit, d'abord, assurer l'innocuité absolue de ce dernier, prévenir les dangers épizootiques, les circonscrire lorsqu'ils se manifestent et sauvegarder de toute contamination les départements traversés par des animaux provenant du marché.

Pour remplir ce double but, une visite attentive de tous les bestiaux qui arrivent est nécessaire, cette visite ayant lieu lors du passage des animaux du quai de débarquement dans les parcs de comptage pour ceux qui viennent par chemin de fer et, à toutes les portes du marché, pour ceux qui viennent à pied ou en voiture. Si des animaux ainsi présentés à l'introduction sont reconnus atteints d'une maladie contagieuse quelconque et, en particulier, de la fièvre aphteuse, ils seront immédiatement dirigés d'office sur l'abattoir et avant qu'ils aient pu contaminer le marché. Un autre avantage sera, en pareil cas, de pouvoir remonter à la source du mal. Il y a, nous en convenons, impossibilité à pratiquer cette visite pour les arrivages de nuit ; toutefois, ceux ci peuvent être encore examinés, soit dans les bouveries, soit sous les halles, avant leur mise en vente. Il est vrai que s'il se trouve dans ces arrivages des animaux aphteux, ils auront déjà souillé le marché, mais on pourra les éloigner de suite et désinfecter le sol qu'ils auront foulé.

Voilà pour la préservation de l'état sanitaire du marché.

Mais d'où vient donc qu'à de très rares exceptions près, il n'est pas constaté de cas de fièvre aphteuse parmi les animaux qu'on introduit, tandis qu'on en relève de si nombreux parmi les animaux qui ont séjourné au marché? Serait-ce que la maladie existe au marché et que les animaux l'y contractent? Nous faisons plus que d'incliner à le croire. Mais alors, est-ce le service de la désinfection qui est en défaut ou le service sanitaire qui est impuissant à combattre le mal?

Nous nous faisons un devoir de rendre hommage au bon fonctionnement du premier de ces services et nous ne pouvons que lui demander de redoubler de zèle. Quant au service sanitaire, nous avons le regret de dire qu'il s'occupe beaucoup plus de constater le mal que de le prévenir, et nous nous voyons obligés de critiquer dans la majorité des cas sa façon de procéder.

Lorsque des cas de fièvre aphteuse sont découverts, l'inspecteur vétérinaire fait acte de vigilance en consignant pour l'abattoir, le ou les animaux aphteux; quelquefois aussi, les deux voisins de ces mêmes animaux, celui de droite et celui de gauche, considérés comme contaminés, subissent la même règle, quelquefois, tous ceux du même lot, c'est-à-dire portant la même marque et cela, suivant le caprice de l'inspecteur.

Si le propriétaire des animaux ainsi consignés et qui ne peuvent plus, pour cette raison, être représentés en vente, si ce propriétaire, disons-nous, a la facilité de les faire abattre de suite, il lui est loisible d'en ordonner immédiatement le transport à l'abattoir. Mais, s'il ne peut les faire abattre aussitôt descendus de voiture, comme ces animaux ne doivent pas, de par la volonté du service sanitaire, séjourner dans les bouveries des abattoirs, leur propriétaire sera tenu de les laisser dans les bouveries du marché.

**

Et c'est, pourtant, pour préserver le marché de la contamination que ces animaux sont consignés pour l'abattoir. Quelle inconséquence !

Lorsqu'un seul cas de maladie contagieuse est constaté dans une ferme ou chez un particulier, celui-ci est tenu de désinfecter immédiatement le local où existait ce cas et il lui est interdit d'y remettre des bestiaux avant quelques jours. Cette règle, qui est de rigueur pour le particulier, n'a pas son application au marché de La Villette. La bouverie où ont été placés les bœufs de « renvoi » et où il a été trouvé des cas de fièvre aphteuse, comme nous l'exposons ci-dessus, est désinfectée aussitôt que l'évacuation en est faite, c'est-à-dire le matin du marché, mais elle est réouverte l'après-midi du même jour et avant d'être sèche, aux animaux qui arrivent.

De tels procédés permettent de penser que les inspecteurs sanitaires s'efforcent de ne pas imiter le bûcheron maladroit qui coupait la branche sur laquelle il était à cheval et qu'ils sont heureux d'avoir occasion de montrer qu'ils font bonne garde.

En tous cas, nous ne ferons pas aux vétérinaires inspecteurs l'injure de croire qu'ils s'imaginent arriver à faire disparaître la maladie par des mesures aussi incohérentes et aussi irrationnelles.

Si de pareils agissements ne sont que des subterfuges pour attester la vigilance du service en cause, ils ont sur les transactions commerciales une influence des plus fâcheuses. Ils déséquilibrent les cours, au marché d'abord, en ce sens que les détenteurs craignant de manquer la vente de leurs bestiaux à une première séance, et de les voir consigner pour l'abattoir avant le marché suivant, après avoir contracté la fièvre aphteuse dans la bouverie de « renvoi », n'ont pas la même assurance pour défendre leurs intérêts ; à l'abattoir ensuite parce que les animaux consignés, qu'il y a nécessité de tuer le plus vite possible, viennent généralement en surcroît sur les abatages que le boucher en gros fait d'ordinaire. C'est donc le gâchis, partant la baisse, dont le producteur de bétail supporte toutes les conséquences sans que personne en profite.

Cet état de choses jette ainsi le discrédit sur le marché de La Villette, qui cessera, si cela continue, d'être notre marché national.

Déjà un bon nombre de départements du Nord et de l'Est ont demandé qu'on les protégeât contre la contamination de leur troupeau par les réexpéditions de bestiaux de La Villette (voir la *Revue hebdomadaire du Petit Journal* du 8 Janvier 1899) et si l'administration en était réduite à interdire celles-ci, notre marché perdrait du même coup un tiers de son importance, au grand préjudice de nos centres producteurs de bétail dont il est le principal débouché. Il est donc grand temps que l'Inspection sanitaire, qui est ici gravement en défaut, soit remaniée, qu'elle soit soumise à une direction unique et que des mesures sagement raisonnées soient adoptées et judicieusement appliquées.

Et c'est surtout à des mesures préventives qu'il faut avoir recours, préventives à l'égard du marché, préventives à l'égard des départements qui viennent s'approvisionner à Paris en bestiaux de boucherie.

De toutes les maladies contagieuses qui sévissent en France sur le bétail, nulle n'est plus difficile à enrayer que la fièvre aphteuse. On se trouve en présence d'un fléau dont les causes et le mode de propagation sont assez mal connus et n'ont pu être déterminés rigoureusement. La diffusion rapide de la contagion en est le caractère spécial. Les mesures sanitaires applicables en l'espèce ne donnent pas de résultats bien satisfaisants, car chaque épizootie de fièvre aphteuse semble accuser le même degré d'acuité.

L'état sanitaire du marché de La Villette est intimement lié à celui de la France entière qui l'approvisionne, et, en effet, l'apparition des épizooties au marché coïncide toujours avec les constatations faites dans les départements pourvoyeurs.

Contrairement aux autres affections contagieuses qui sont enrayées et localisées plus ou moins rapidement par les mesures édictées dans la loi du 21 juillet 1881, dès que les cas sont signalés, la fièvre aphteuse échappe à toute action sanitaire et ne cesse d'exercer ses ravages que lorsque les agents de la contagion sont épuisés. Elle agit rapidement et si obscurément, que les animaux les plus sains en apparence peuvent apporter, des pays d'origine, les germes de la maladie et les communiquer à d'autres sans avoir présenté de symptômes visibles pendant leur court séjour à La Villette.

Dans un autre cas, le bétail, sans provenir d'une région où la maladie sévit, peut être contaminé au marché de La Villette par des animaux reconnus malades; il sera néanmoins dirigé vers de nouvelles régions, où les premiers signes se manifesteront quelques jours après son arrivée. D'une manière comme de l'autre, l'inspection du marché est inefficace, elle ne préserve pas les départements qui reçoivent les animaux réexpédiés.

La recherche de l'absolu en matière de protection sanitaire, dans les deux cas indiqués ci-dessus, causerait, sur le marché, une perturbation dans les transactions telle qu'il vaut mieux en abandonner l'idée; aussi le service vétérinaire sanitaire n'oppose-t-il à la dissémination de la fièvre aphteuse au dehors que ce que les règlements prescrivent par mesure de grande prudence : la contre-visite des animaux à l'heure de la réexpédition.

Un certificat de santé, — combien de fois demandé, — délivré par le service sanitaire, attestant que les animaux visités au moment du départ de La Villette ne présentent aucun symptôme de la maladie, ne procurerait aux acheteurs d'animaux contaminés qu'une garantie illusoire, sans valeur, plutôt dangereuse.

Nous estimons que la protection contre la redoutable affection peut prendre fin à Paris, mais elle demande d'abord à être appliquée au point initial, autrement dit au lieu de provenance.

L'exécution des mesures sanitaires bien que suffisante à La Villette, est trop restreinte en elle-même et le danger de propagation subsistera aussi longtemps que les animaux contaminés dans les pays d'origine auront l'accès du marché.

Beaucoup de solutions ont été proposées. Nous allons nous permettre d'analyser celles qui, en ce moment, offrent quelque crédit par la faveur dont elles sont l'objet.

Deux solutions sont en présence :

La première émane du Congrès vétérinaire de Nancy qui demande la création d'un second sanatorium destiné à recevoir le bétail provenant des régions où la fièvre aphteuse a été constatée. Ce vœu est formulé par les vétérinaires exerçant dans les départements de l'est de la France. A-t-il reçu l'approbation des éleveurs et agriculteurs qui sont, pécuniairement, plus directement intéressés dans l'affaire ?

Nous ne le pensons pas. A notre avis, il n'y a pas un producteur qui se risquerait à expédier des animaux condamnés d'avance à subir une dépréciation énorme.

Mais écartons ce motif qui vise les intérêts particuliers ; envisageons seulement ce qui résulterait de l'introduction au sanatorium d'animaux arrivant de pays infectés.

Le mouvement des affaires, le va-et-vient des commissionnaires et acheteurs, des débarqueurs et bouviers contribuant à exalter la diffusion de la contagion du sanatorium aux préaux de vente, le mal se communiquerait infailliblement de l'un à l'autre des deux camps, et s'étendrait dans toute la place avec ses fâcheuses conséquences.

Nous pouvons, dès lors, prédire à cette proposition un insuccès relevant des deux indications précédentes : mauvaises conditions de vente, entretien et expansion de la fièvre aphteuse.

La 2e solution repose sur un principe raisonné. Elle consiste à ne laisser expédier sur Paris que des animaux sains accompagnés d'un certificat de santé délivré par un vétérinaire présent au moment de l'embarquement. C'est certainement la proposition la plus défendable qui ait paru jusqu'à présent, parce qu'elle laisse entrevoir la préoccupation d'étouffer le mal à la source même. Nous allons faire ressortir cependant qu'elle est aussi mal étudiée que les autres. D'abord, elle sera onéreuse et puis difficultueuse, s'il n'existe pas de vétérinaire à proximité.

Au point de vue de la protection du Marché, le résultat sera nul et voici pourquoi :

Si les animaux proviennent d'une exploitation où la fièvre aphteuse n'a pas pénétré, et que l'exploitation se trouve située dans une localité où cette maladie a été constatée, le déplacement des animaux, pour les amener au point d'embarquement, suffira pour les contaminer, soit par leur passage dans un milieu vicié, soit par des agents porteurs de la contagion qu'ils pourront rencontrer sur le trajet de l'exploitation à la gare expéditrice. Dans ce cas, nous ne voyons pas quelle serait la garantie offerte par la visite du vétérinaire impuissant à distinguer les animaux contaminés.

D'un autre côté, nous n'admettons pas la nécessité d'imposer aux propriétaires ou expéditeurs d'animaux, la production d'un certificat de santé pour des animaux provenant de localités où la fièvre aphteuse n'existe pas, puisque la déclaration de la maladie doit être faite à l'autorité, et qu'alors on se trouverait dans la situation exposée ci-dessus.

Cette courte analyse démontre donc bien qu'une solution est encore à chercher.

La proposition que nous avons l'honneur de présenter se rapporte au décret du 6 avril 1883 relatif à l'importation et au transit des animaux (art. 4), et aux dispositions générales de l'arrêté ministériel du 30 novembre 1898 concernant le concours agricole à Paris (art. 54), que nous reproduisons ci-dessous.

Article 4 du décret du 6 avril 1883. — « *A défaut de*
« *service d'inspection vétérinaire local, il sera suppléé*
« *à la visite par la production d'un certificat d'origine*
« *et de santé indiquant le nombre et le signalement des*
« *animaux.*

« *Ce certificat émanera d'un vétérinaire dont la signa-*
« *ture sera légalisée par l'autorité du lieu d'où viennent*
« *les animaux, laquelle attestera que, dans la localité,*
« *il n'existe et n'a existé, pendant les six semaines pré-*
« *cédentes, aucune maladie contagieuse sur les animaux*
« *de l'espèce; ledit certificat ne sera valable que pendant*
« *trois jours...* »

Article 54 de l'arrêté ministériel du 30 novembre 1898. — « *Les exposants d'animaux devront produire un cer-*
« *tificat délivré par un vétérinaire et dûment légalisé,*
« *constatant que les animaux déclarés sont parfaite-*
« *ment sains et que, dans les trois derniers mois, au-*
« *cune maladie contagieuse n'a sévi dans un rayon de*
« *dix kilomètres de la localité d'où viennent les dits ani-*
« *maux. Toutefois, en ce qui concerne la fièvre aphteuse,*
« *le délai pourra être réduit à quatre semaines et le*
« *rayon à quatre kilomètres.*

« *Au moment de l'arrivée, ils devront produire un*
« *nouveau certificat indiquant qu'au moment de leur*
« *départ il ne s'était déclaré aucune maladie conta-*
« *gieuse dans la localité depuis l'envoi de la décla-*
« *ration.* »

Nous avons puisé dans cet ensemble de mesures protectrices, les éléments de notre proposition, laquelle a pour but de préserver le marché de La Villette de la fièvre aphteuse. Mais ces mesures, il convient de les tempérer, de les atténuer dans les conditions prescrites par le décret du 22 juin 1882, article 30 § 9 et article 32, qui autorisent les propriétaires :

« 1° (art. 30, § 9) ... *à se défaire des animaux*

« *exposés à la contagion après un délai de quinze jours*
« *si aucun cas n'est survenu;*

« 2° (art. 32) ... *à pouvoir disposer de tous leurs*
« *animaux (atteints, guéris et contaminés), quinze*
« *jours après l'apparition du dernier cas.* C'est à-dire après un délai correspondant à la durée maxima de la période d'incubation.

En conséquence, nous émettons le vœu suivant :

Les animaux à destination du Marché aux bestiaux de La Villette ne seront admis sur les préaux de vente que sur la présentation d'un certificat délivré par l'autorité municipale de la localité d'où ces animaux proviennent.

Ce certificat portera :

1° Une déclaration du propriétaire ou de l'expéditeur attestant que les animaux expédiés ont séjourné dans la commune les quinze jours qui ont précédé leur départ ;

2° Une déclaration du maire de la commune certifiant que la fièvre aphteuse n'existe pas dans la localité.

Cette mesure préventive n'exclue pas la réfection du pavage d'une bonne partie des bouveries, cours et allées du marché, la fermeture pendant 48 heures au moins des bouveries où auront été hébergés des bestiaux de renvoi et où il aura été trouvé des cas de fièvre aphteuse.

Ceci entraîne, tout naturellement, la construction de nouvelles bouveries pour suppléer à celles qui auront été momentanément fermées et interdites aux animaux d'arrivage.

Le projet que nous venons de soumettre, s'il était appliqué dans le département de la Seine, soulèverait de vives protestations de la part des laitiers nourrisseurs qui font vendre au marché de La Villette leurs vaches grasses pour la boucherie.

Nous avons à tenir compte ici d'une situation toute particulière, créée par le nombre imposant de vacheries établies dans Paris et le département : 2,000 établissements environ contenant 30,000 vaches. Généralement, les vaches laitières sont vendues au bout d'une année de production. La corporation tout entière fournit au Marché 3 ou 400 vaches de boucherie chaque semaine.

La fièvre aphteuse règne dans le département de la Seine plus longtemps que partout ailleurs. Il existe des localités de la banlieue et même des arrondissements de la Ville de Paris qui sont atteints du fléau d'une façon permanente. Nous concevons très bien qu'exiger des nourrisseurs un certificat de santé serait, pour un grand nombre d'entre eux, une cause de ruine, étant donnée l'impossibilité de renouveler les effectifs.

Dans le but de sauvegarder les intérêts de la corporation et en même temps d'éviter la contamination du Marché par les vaches laitières venant des localités infectées, nous avons songé à une modification des jours pour les animaux de cette catégorie qui pourraient être exposés en vente, le mardi et le vendredi, c'est-à-dire 12 heures après le départ du bétail de réexpédition.

Cette mesure est parfaitement applicable et ne peut gêner en rien les transactions, pour cette raison que le marché des vaches grasses est fréquenté par un public spécial, composé en majeure partie de marchands de vaches et de bouchers en gros qui s'approvisionnent exclusivement à ce marché.

Examinons maintenant le fonctionnement de l'organisation sanitaire du Marché aux bestiaux.

Si les opérations de la police sanitaire exercée au Marché aux bestiaux sont de nature à soulever les critiques précédemment examinées, la composition et la répartition du personnel affecté à l'inspection sanitaire, par suite d'un vice d'organisation qu'on peut reprocher à la direction actuelle, ajoutent encore d'autres éléments favorables au principe d'une revision devenue nécessaire.

L'inspection des animaux pendant le séjour au marché, à l'arrivée, au moment de l'exposition sur les préaux de vente, à l'heure de la réexpédition ou bien après, quand ils vont attendre dans les bouveries de renvoi, le marché suivant, exige un personnel d'élite composé de praticiens sûrs et éprouvés. Il n'en saurait être autrement, étant donné le nombre important d'animaux à examiner.

La surveillance, pour être suivie, régulière et méthodique, réclame des agents vétérinaires ayant donné les preuves de connaissances pratiques les plus sérieuses ; elle demande, en outre, une stabilité du personnel. Rien n'est plus préjudiciable au bon fonctionnement de l'inspection sanitaire que tous ces changements d'affectations auxquels on nous a malheureusement trop habitués.

L'ancien service était assuré, avant 1895, par 3 vétérinaires attachés spécialement à La Villette et par 5 vétérinaires inspecteurs de la boucherie que nous avons vu remplir les fonctions d'adjoints pendant 5 années.

Cette organisation était excellente et donnait de bons résultats.

Il n'en est plus ainsi actuellement. Nous pouvons reprocher au chef du service vétérinaire sanitaire de Paris et du département de la Seine, d'avoir écarté systématiquement de l'inspection du Marché les vétérinaires de son service qui semblaient tout désignés — par le choix dont on les avait honorés et par la confiance qu'ils avaient inspirée au moment de la centralisation des trois groupes — pour remplir les fonctions les plus difficiles.

Puisque le service des épizooties revenait, d'après le programme de la réorganisation de 1895, aux vétérinaires délégués, il paraissait logique de les faire participer, eux et les sous-chefs de secteur, deux jours seulement, le lundi et le jeudi, à l'inspection sanitaire du Marché, qui est certainement l'endroit le plus dangereux et le plus important du département.

Sans vouloir insister autrement, nous ferons remarquer que cette inspection a été confiée aux vétérinaires les plus inexpérimentés et que les plus aptes ont été affectés à des secteurs où les opérations sanitaires n'ont d'autre exigence qu'une pratique routinière à laquelle savent suffire les moins habiles.

Ainsi, tel qu'il est constitué, le service sanitaire comprend, dans son ensemble :

9	vétérinaires délégués.			
6	—	sous-chefs.		
15	—	sanitaires de	1re	classe.
16	—	—	2e	—
16	—	—	3e	—

Or, à part M. Godbille, vétérinaire délégué, que sa situation de chef de secteur astreint à un contrôle de son personnel et lui enlève tout rôle actif, les autres vétérinaires chargés de la surveillance du Marché appartiennent à la 2e et à la 3e classe.

Nous devons aussi signaler la grande instabilité de ces agents des grades inférieurs.

Tandis qu'autrefois il était procédé exceptionnellement au remplacement d'un vétérinaire absent par un autre vétérinaire titularisé, maintenant nous assistons à des continuels chassés-croisés d'inspecteurs. Cette constatation n'est pas faite pour dissiper nos craintes relativement à l'insuffisauce de l'inspection.

Pour le chef du service, notre Marché n'est qu'une école où chacun de ses agents est appelé à faire un stage plus ou moins court, s'il veut conserver l'espoir d'occuper plus tard un autre poste moins fatigant dans une section.

En moins de quatre années, trente vétérinaires ont défilé successivement devant nous. Cette situation est des plus fâcheuses ; elle détruit le bénéfice d'une action dont la valeur a pour bases la spécialisation et l'impulsion uniforme. L'inspection du Marché national demande mieux que cela ; c'est pour le démontrer que nous avons mis une insistance qu'on voudra bien nous pardonner.

Avant la fusion des services vétérinaires en 1895, M Barrier disait dans son rapport, page 8, en parlant du personnel affecté à l'inspection sanitaire du Marché :

« *Si le nombre des inspecteurs* (2) *suffit et au delà, en*
« *temps ordinaire, il est certain qu'il est trop faible les*
« *jours de grand marché...* »

« *Or, comment opère-t-on actuellement?*

« *Lorsque le chef du service dispose de 7 vétérinaires*
« (5 *supplémentaires de l'inspection des viandes*) *il les*
« *répartit de la manière suivante : 2 pour le préau des*
« *bœufs, 1 pour celui des moutons, 1 pour celui des*
« *veaux et des porcs, 1 au parc de comptage des arri-*
« *vages par le quai de débarquement, 1 au parc de*
« *comptage des arrivages par la rue d'Allemagne et*
« *1 à la grille de la rue d'Allemagne.* »

« *Malheureusement, 2 ou 3 inspecteurs manquent*
« *assez souvent par suite de congés réguliers, etc., de*
« *sorte qu'un ou plusieurs postes sont dégarnis et*
« *livrent passage à des animaux dont la surveillance*
« *est nulle ou incomplète.* »

Le rapport de M. Barrier date de 1894, or, en 1899, près de 4 ans après la réorganisation, les vétérinaires affectés au service du Marché le lundi et le jeudi, sont toujours au nombre de 7 ni plus ni moins. S'il se produit des vacances dans le personnel, quelques postes sont négligés. La situation, à cet égard, est la même aujourd'hui qu'en 1894.

Comme nous venons de le démontrer, le service sanitaire du marché est mal organisé pour la sauvegarde des intérêts généraux de l'Agriculture et du Commerce, et la sécurité qu'il est censé assurer est presque illusoire.

Dans notre rapport de 1897, qui est tout autant d'actualité qu'à cette époque, nous disions :

« ... Les délais accordés aux Compagnies de chemins de fer pour le transport des animaux à Paris nous paraissent excessifs; ces délais sont, en effet, de 24 heures par 125 kilomètres, de sorte que les animaux restent, de ce chef, jusqu'à 50 et 60 heures en wagons, sans boire ni manger.

« Il en résulte que les animaux, exténués par la fatigue et les privations, sont plus particulièrement prédisposés à contracter la fièvre aphteuse que ceux qui auraient été embarqués dans de meilleures conditions au point de vue de la rapidité du transport.

« En 1896, le Syndicat général de la Boucherie française s'était ému de cette situation et avait appelé l'attention de M. le Ministre des Travaux publics sur le préjudice qu'un pareil état de choses causait aux intérêts généraux de l'Agriculture, du commerce de la Boucherie et du consommateur.

« En résumé, Monsieur le Ministre, disions-nous, si nous voulons combattre efficacement la fièvre aphteuse et en arrêter la propagation en France, il serait utile que les mesures suivantes fussent mises en vigueur dans le plus bref délai :

« Création d'un plus grand nombre de trains directs pour le transport des animaux à Paris, mettant les Compagnies de chemins de fer en demeure d'amener les animaux dans les délais se rapprochant de ceux établis pour les trains de voyageurs ;

« Obligation pour les Compagnies de composer l'horaire de telle sorte que les animaux puissent arriver les veilles de marché ou les jours de marché avant huit heures du matin à La Villette. Les obliger, en outre, à ne prendre des animaux qu'au chargement à la tête et non au wagon loué ;

« Obligation pour les Compagnies de désinfecter soigneusement et rigoureusement les wagons ayant servi au transport des animaux. »

Telles étaient, Monsieur le ministre, les Mesures préventives sur lesquelles nous appelions, en 1897, la haute appréciation de votre prédécesseur M. Méline.

Les moyens que nous préconisions n'ont pas encore été pris en considération. Ils ont été, cependant, approuvés et ratifiés par les délégués des Sociétés d'Agriculture et des

Comices agricoles, dans la réunion importante dont nous avons parlé.

Cette réunion se termina par l'adoption, à l'unanimité, d'un ordre du jour présenté par M. de Saint-Quentin, dans le sens des revendications exposées dans notre rapport et qui fut porté à la connaissance de M. le Ministre de l'Agriculture par une délégation composée de :

MM. Baduel, Mir, de Verninac, sénateurs ; de Saint-Quentin, Voilier, députés; Surugue, Président de la Chambre syndicale des commissionnaires en bestiaux ; Perreau, Président de la Chambre syndicale de la Boucherie ; Cournier, président de la Chambre syndicale des Laitiers-Nourrisseurs ; Tétard, agriculteur, et Tainturier (Eugène), boucher en gros.

Pas plus que notre rapport de 1897, les vœux présentés à M. le Ministre par les personnalités éminentes composant la délégation ne reçurent la moindre sanction.

Nous ne désespérons pas, cependant, Monsieur le Ministre, d'obtenir une satisfaction prochaine pour la plupart de nos revendications.

Parmi ces dernières, il en est une qui ne figure pas dans nos conclusions ou plutôt qui n'apparaît qu'insuffisamment précisée ; nous voulons parler de la réorganisation du service vétérinaire sanitaire sur le marché aux bestiaux.

Cette réorganisation s'impose de plus en plus pour réglementer enfin le fonctionnement d'un service qui a trop souvent abusé de la liberté absolue qui lui a été laissée de déterminer lui-même les mesures devant être prises pour combattre les épizooties.

C'est sur ce dernier point surtout, Monsieur le Ministre, que nous vous demandons la permission de nous étendre.

S'il nous semble nécessaire que le Ministère de l'Agriculture ait le droit de contrôler certaines opérations de l'inspection des viandes, nous considérons comme indispensable la haute direction des opérations sanitaires du marché aux bestiaux par le même ministère.

En effet, quelle est l'autorité compétente qui doit veiller à l'amélioration de nos belles races françaises et à leur conservation, si ce n'est le Ministère de l'Agriculture, lui-même.

Le Ministère de l'Agriculture est donc seul autorisé et compétent pour prescrire des mesures prophylactiques générales destinées à protéger le troupeau français. Il a, par conséquent, le droit d'édicter des dispositions uniformes pour tous les services sanitaires départementaux, afin de mettre un terme aux arrêtés abusifs et souvent contradictoires de MM. les Préfets, pour une même épizootie. Il a encore le droit — droit à lui seul conféré par les articles 9 de la loi du 21 juillet 1881 et 37 de la loi du 21 juin 1898 sur le code rural — d'ordonner l'abatage des animaux d'espèce bovine ayant été dans la même étable, ou dans le même troupeau, ou en contact avec des animaux atteints de péripneumonie contagieuse. Son intervention est donc utile, nécessaire même, en cas de constatation de cette maladie sur le marché de La Villette.

Pourquoi, dès lors, le Ministère de l'Agriculture ne serait-il pas chargé directement des opérations sanitaires sur le marché de La Villette, puisque ces dernières intéressent directement la sécurité de la production nationale ?

Le marché de La Villette, en raison même de son mouvement d'affaires, est depuis longtemps considéré, en France, comme le marché national du bétail. C'est en nous inspirant de ce caractère universellement reconnu que nous avons établi un projet de réorganisation du service vétérinaire sanitaire du marché aux bestiaux.

Le marché de La Villette doit devenir légalement un marché national sous la direction sanitaire du Ministère de l'Agriculture.

Objecterait-on que ce serait déposséder de ses droits la Ville de Paris — on pourrait répondre que la Bourse des Valeurs est sous la direction du Ministère des Finances.

Pour réaliser cette réforme par le rattachement du service vétérinaire sanitaire du marché aux bestiaux au Ministère de l'Agriculture, le concours de l'Etat est indispensable.

***

« L'Etat a le devoir de se préoccuper de l'intérêt « général. Son intervention est un principe nécessaire, « partant légitime quand il vient au secours des calamités « publiques.

« Ce principe a été largement adopté dans notre généra- « tion ; il consiste à protéger le droit de chacun, à posséder « et à sauvegarder ce qu'il produit. » (Louis Blanc.)

La loi du 21 juillet 1881, sur la police sanitaire des animaux, a pour but d'exercer une action protectrice contre les épizooties qui sévissent sur toutes nos espèces domestiques.

En protégeant le bétail, le législateur a voulu restreindre les pertes infligées aux propriétaires d'animaux par les maladies contagieuses. L'intervention de l'Etat a été de prescrire des mesures sanitaires édictées dans la loi de 1881 et d'allouer des indemnités aux propriétaires d'animaux atteints de la peste bovine, de la péripneumonie contagieuse ou de la tuberculose bovine.

Dans une circulaire du 20 août 1882, le ministre de l'Agriculture a indiqué que : « *Si chaque service concourt « à l'extinction des épizooties sur l'ensemble du terri- « toire, ses efforts sont à proportion de ce qu'exige le « département dans lequel il opère et c'est ce départe- « ment qui recueille, avant tout, les bénéfices de son « action. Comme conséquence de cette doctrine, le rè- « glement d'administration publique devait laisser à « l'autorité administrative départementale, le soin de « pourvoir à l'organisation de ce service ; elle le cons- « tituera en y faisant entrer tel nombre de vétéri- » naires qu'elle jugera convenable.* »

Relativement à l'inspection sanitaire des foires et marchés, l'art. 39 de la loi du 21 juillet 1881 dit :

« *Les communes où il existe des foires et marchés aux chevaux ou aux bestiaux seront tenues de préposer, à leurs frais et sauf à se rembourser par l'établissement d'une taxe sur les animaux amenés, un vétérinaire pour l'inspection sanitaire des animaux conduits à ces foires et marchés.* » *Cette dépense sera obligatoire pour la commune.*

Cette inspection des foires et marchés a été rendue exécutoire en 1888. Dans une circulaire du 1er décembre 1888, le ministre de l'Agriculture s'exprimait ainsi :

« *Les grands rassemblements d'animaux auxquels*
« *donnent lieu les foires et marchés sont, comme le font*
« *remarquer le Comité, l'une des causes qui facilitent*
« *le développement des épizooties ; il suffit, en effet, qu'il*
« *s'y trouve un malade pour infecter d'autres ani-*
« *maux, qui vont, ensuite, porter partout la maladie*
« *dont ils ont pris le germe.* »

Nous avons reproduit les circulaires ci-dessus dans le but d'indiquer surtout qu'il n'y a pas la moindre apparence de participation de l'État dans l'extinction des épizooties. Les budgets départementaux seuls sont appelés à subvenir aux frais de l'inspection sanitaire.

Les efforts de chaque département, dit la circulaire ministérielle, sont en proportion de ce qu'exige le département qui recueille avant tout le bénéfice de son action.

Evidemment, chaque circonscription du territoire doit régler son action sanitaire en raison du chiffre de la population animale et de la fréquence des fléaux, la plupart de nature catastatique comme le sont certaines maladies contagieuses qui sévissent dans des contrées parfaitement délimitées sans s'écarter d'un certain rayon : la péripneumonie contagieuse est surtout fréquente dans les départements de la Seine et du Nord ; le charbon exerce ses ravages plus particulièrement en Eure-et-Loir et en Seine-Inférieure ; le rouget du porc dans la Haute-Vienne, et la gale en Auvergne sont très fréquents. Aussi est-il de toute équité que chaque département doive intervenir directement et en raison proportionnelle du chiffre de la population animale et des dangers plus ou moins nombreux et plus ou moins répétés auxquels le bétail est exposé. Tel département, le Nord, par exemple, réclamera une protection plus étendue et des agents sanitaires plus nombreux que le département des Landes où le bétail est clairsemé et les affections contagieuses très rares.

Mais cette protection *directe* contre les épizooties ne doit être pour chaque département qu'une obligation s'étendant seulement à tout le bétail sédentaire ou aborigène, et au bétail qui y afflue pour profiter de la richesse d'un sol propice à l'élevage ou à l'embouche. Car la protection *mutuelle* qui consiste à protéger les départements les uns des autres, contre les épizooties causées par la circulation du bétail nomade qui traverse les différentes régions de la France et ne s'y arrête que peu de temps, en n'y faisant qu'une courte apparition, devrait être à la charge de l'Etat.

L'importance des foires et marchés est très différente dans chaque département.

La mutualité est plus dispendieuse à celui qui expédie peu qu'à celui qui expédie beaucoup.

La disposition des ressources n'est pas équilibrée équitablement. Ainsi, le département de la Seine qui réexpédie un grand nombre d'animaux achetés sur le marché de La Villette, doit nécessairement augmenter ses dépenses pour sauvegarder les intérêts des autres départements, dans une proportion bien supérieure aux dépenses que ces départements affectent isolément à la protection du département de la Seine.

L'intervention de l'Etat serait nécessaire pour unifier les dépenses occasionnées par une protection mutuelle. Le

Ministère de l'Agriculture devrait prendre à sa charge, dans l'intérêt général, de répartir judicieusement, les frais de la surveillance sanitaire dans les départements où la circulation du bétail est intense par suite de l'importance des foires et marchés.

Le département de la Seine, est de tous, celui qui s'est imposé les plus lourds sacrifices, et il le doit à son marché de La Villette où le bétail afflue de tous les coins de la France. L'autorité administrative départementale qui est à la tête du service sanitaire n'a pas d'action en dehors des limites du département.

Or, l'importance du marché de La Villette est telle, que le mouvement des transactions retentit et se répercute dans la France tout entière. L'état sanitaire des animaux exposés sur le marché peut, à un moment donné, modifier les transactions ; la surveillance de ces animaux doit être faite par un personnel vétérinaire relevant directement du Ministère de l'Agriculture.

Pour accomplir cette réforme, une somme de 60,000 francs est nécessaire. Affecter ce crédit au service sanitaire du marché aux bestiaux, ce serait un acheminement vers la participation effective de l'Etat à la création d'un service sanitaire rattaché à la direction de l'Agriculture, tel qu'il a été présenté par M. Audiffred en un amendement au projet de Code rural, article 73 § 1 et 2 (Annexe au procès-verbal de la séance du 7 février 1893 de la Chambre des députés).

Avec une bonne organisation sanitaire, cette dépense serait compensée par une diminution des indemnités accordées aux propriétaires d'animaux atteints de la péripneumonie ou de la tuberculose.

***

Nous proposons une réorganisation établie d'après les bases suivantes :

Le budget du Ministère de l'Agriculture affectant une

somme de 60.000 francs à l'Inspection sanitaire du Marché de La Villette, il serait possible d'établir un service vétérinaire sanitaire relevant directement du Ministère de l'Agriculture.

MARCHÉ AUX BESTIAUX

PERSONNEL EN TITRE :

1 chef de service, 8.000 fr. et 600 fr. de déplacement	8.600	»
2 délégués de 1re classe à 7.000 fr. et 600 fr. de déplacement	15.200	»
2 délégués de 2e classe à 6.000 fr. et 600 fr. de déplacement	13.200	»
4 surveillants à 2.300 fr. et déplacements 150 francs	9.800	»
3 bouviers (lundi et jeudi seulement)	1.560	»
1 garçon de bureau	1.800	»
Frais de bureau, laboratoire, etc.	1.840	»

PERSONNEL ADJOINT :

3 vétérinaires délégués empruntés les lundis et les jeudis au service départemental, part contributive	8.000	»
Budget	60.000	»

Répartition du personnel et Division du Travail

Les jours de grand marché :

Le chef : Surveillance générale.

Parc de comptage du quai de débarquement et pavé....	1 vétérinaire	1 surveillant
Préau des porcs et veaux....	1 vétérinaire	1 bouvier
Préau des bœufs............	2 vétérinaires	2 bouviers
Préau des moutons et parc de comptage, rue d'Allemagne.	1 vétérinaire	1 surveillant
Grille de la rue d'Allemagne.	1 vétérinaire	1 surveillant
Abords du marché et vaches laitières.................		1 surveillant
Congés et remplacements, convocations militaires...	1 vétérinaire	

Les 3 vétérinaires du service départemental seraient toujours affectés :

1 au préau des porcs, 1 au préau des moutons, le 3e au préau des bœufs.

Les vétérinaires attachés au marché, examineraient, le matin, les animaux de renvoi et visiteraient les abords du marché.

Les petits jours :

Quai de débarquement......	1 vétérinaire	1 surveillant
Bouveries, bergeries du marché et de l'abattoir........	1 vétérinaire	1 surveillant
Abords du marché..........	1 vétérinaire	1 surveillant

Tel est, Monsieur le Ministre, dans son ensemble et en dehors du rétablissement du droit de contre-expertise dont vous apprécierez certainement le bien fondé, le projet de réorganisation sanitaire du Marché de La Villette, que nous avons l'honneur de soumettre à votre bienveillant examen.

Veuillez agréer, Monsieur le Ministre, l'assurance de nos sentiments de haute et respectueuse considération.

Le Rapporteur,
BERNARD ROUX,
Secrétaire général du Syndicat
de la Boucherie en gros.

Le Président du Syndicat général
de la Boucherie Française,
V. AULET.

Le Président de l'Union des Syndicats
de l'Alimentation en gros,
G. HARTMANN.

Le Président de la Chambre syndicale
des Commissionnaires en Bestiaux,
A. SURUGUE.

Le Président du Syndicat
de la Boucherie en Gros de Paris,
MULET.

Paris, le 20 avril 1899.

Paris. — Imprimerie WATTIER Frères, 4, rue des Déchargeurs.

www.ingramcontent.com/pod-product-compliance
Ingram Content Group UK Ltd.
Pitfield, Milton Keynes, MK11 3LW, UK
UKHW020357250726
13967UKWH00005B/2345